AF249511

FRAGMENT

D'ASTRONOMIE

CHALDÉENNE,

DÉCOUVERT

DANS LE PROPHÈTE EZÉCHIEL

ET ÉCLAIRCI

PAR

L'ABBÉ. C. CHIARINI

Professeur de Langues et d'Antiquités orientales à l'Université Royale de Varsovie, Membre de la Société des amis des Lettres et des Beaux-Arts de la même ville; de la Société Asiatique et de la Géographique de Paris, de l'Athénée Italien et de plusieurs autres Sociétés savantes, etc.

LEIPSIG,

chez J. A. G. Weigel.

1831.

Res ardua vetustis novitatem dare, novis auctoritatem,
obsoletis nitorem, obscuris lucem, fastiditis gratiam,
dubiis fidem.

C. Plin. Secund.

Lorsqu'on parcourt d'un oeil attentif et critique les visions d'Ezéchiel, et qu'on les compare avec les prophéties que les autres envoyés du Seigneur avaient publiées avant lui, on découvre que les unes et les autres sont parfaitement analogues quant aux objets qu'elles traitent et le but qu'elles se proposent; mais que les premières présentent des symboles et des images que l'on cherche en vain dans les secondes. Cette différence a tellement frappé, dans tous les temps, les interprètes juifs et chrétiens qu'ils ont même élevé des doutes sur l'authenticité des écrits de cet illustre prophète de la captivité de Babylone. La raison d'une dissemblance aussi remarquable, aussi frappante, vient de ce que la main de l'Eternel fut sur lui au pays des Chaldéens (Ch. I, 3.) et non dans la Palestine [1]).

Ezéchiel qui selon Lowth et Grotius, se distingue parmi tous les écrivains sacrés, par son génie, son érudition et son esprit de recherche, a dû emprunter au peuple qui le tenait en esclavage, tout ce que les arts et les sciences de ce peuple lui offraient d'intéressant, et le mêler aux traditions qu'il tenait de ses pères et aux connaissances qu'il devait à son éducation. Nous le voyons en effet fixer d'abord l'époque de sa mission d'après la chronologie chaldéenne (I, 1.) et celle de

---

[1]) En comparant Esaïe avec Zacharie, et Jérémie avec Daniel, on peut acquérir une pleine conviction de l'extrême influence que les lieux et les temps de la seconde captivité ont exercée sur l'esprit des Prophètes de l'ancien Testament.

1 *

4.

l'histoire des Rois de la Judée (ib. 2.) et en appeler en
suite (IV, 1.) à la manière dont les savans Babyloniens
notaient leurs observations astronomiques et traçaient
le plan d'une ville ou la carte d'un pays entier, sur des
briques cuites [2]).

La science des astres qui florissait de son temps
en Chaldée plus que par-tout ailleurs, dut frapper de
bonne heure son imagination [3]), et porter son esprit
prompt à saisir les rapports des choses, à lui emprunter tout ce qu'elle offrait de plus étonnant et de plus
propre à rendre sensible aux yeux de ses compagnons
d'infortune, les doctrines que le ciel lui inspirait et lui
commandait de propager.

Dans la première de ses visions, un vent de tempête qui venait du septentrion met à la portée de sa
vue une grosse nuée enflammée, au milieu de laquelle
était une *roue à quatre faces; au centre de la roue
un feu ardent, et à ses quatre faces, quatre animaux dont chacun avait la ressemblance d'un homme
et étinceluit de toute-part. Sur la tête de ces quatre
animaux reposait le firmament, et sur le firmament un
trône où était assis le fils de Dieu dans toute sa
gloire.*

Qu'une vision aussi majestueuse soit l'image de
l'univers, c'est ce que prouve en premier lieu le but

---

2) Voy. Plin. VII, 57.

3) Les Prophètes et les poètes de tout âge se sont plu à chanter
les mouvemens des corps célestes et les machines astronomiques qui
les représentent. —

du Prophète, qui est de montrer à ses coréligionnaires comment la gloire de Dieu, qui avait résidé jusqu'alors dans le Saint des Saints de la même manière qu'elle résidait dans le ciel [4]) se voyant contrainte de descendre du Propitiatoire parce que le Temple était profané par le culte du soleil et des astres, allait errer sur les bords du fleuve Kebar.

C'est ce que prouve en second lieu tout l'apparat des phénomènes qui accompagnent ce spectacle, et qui sont précisément les mêmes que ceux que les autres prophètes mettent en action dans les Epiphanies d'un Dieu courroucé et qui remue la nature entière dont il est l'auteur. Ces phénomènes sont: les vents agités, des nuages menaçans, le feu qui dévaste, les éclairs qui sillonnent l'air, le tonnerre qui gronde, la mer qui mugit; enfin l'arc-en-ciel qui paraît dans les nuées en un jour de pluie (I, 4. 24. 28.) et qui annoncent que la colère de l'Eternel est appaisée.

Mais ce qui donne encore plus d'évidence à cette vérité, ce sont les quatre animaux qui jouent un grand rôle dans cette vision, et qui y tiennent la place des quatre vents et des quatre génies tutélaires de la nature. En effet les Chérubins כְּרוּבִים, car tel était le nom de ces animaux (X, 20.) ont été d'abord le symbole

---

4) La forme du Temple de Jérusalem et tout ce qu'il contenait, représentait, selon Philon, Joseph et Clément d'Alexandrie, la structure du monde; et le Tribunal céleste, composé de trois membres, siégeait sur le Propitiatoire, selon le Talmud; car les Juifs ont eu jadis des notions très-précises sur la Trinité, ainsi que je compte le prouver dans une autre circonstance. —

du boeuf (שׁוֹר) [5]) ou de la principale Divinité de l'Egypte, qui, ayant pris peu à peu une posture droite en forme de statue, conserva la tête et les pieds d'un veau. Moïse en plaça deux dans le Tabernacle, pour y servir de support au trône de l'Eternel, afin d'apprendre ainsi aux Hébreux à mépriser les Dieux du peuple dont ils venaient de secouer le joug, et pour les cérémonies duquel ils nourrissaient du penchant [6]). Mais plus tard les Chérubins devinrent, dans le langage des Prophètes, des figures *panthées* propres à représenter des idées cosmologiques plutôt que des Idoles. C'est pour cette raison, qu' Ezéchiel en a fait le symbole de toute la nature animée, en leur donnant, pour me servir de ses propres paroles, *la face de quatre animaux* dont chacun est le roi de son espèce, savoir la face de l'homme, du lion, du boeuf et de l'aigle. Nous retrouvons dans le Talmud une remarque aussi judicieuse exprimée en ces termes. „Le roi des bêtes sauvages est le lion; le roi du bétail est le boeuf; le roi des volatiles est l'aigle, mais l'homme est élevé au-dessus de tous les

---

5) Ezéchiel, dit Rosenmüller, appelle *aspect d'un boeuf* פְּנֵי שׁוֹר (I, 10.) ce qu'il nomme plus loin *aspect d'un Kerub* פְּנֵי הַכְּרוּב (X, 14.). Ajoutez à cela la force de la racine כְּרַב qui a signifié dans l'origine *labourer la terre*. Ce que nous disons ici du *boeuf* chez les Egyptiens est aussi arrivé au *bouc* chez les Grecs, qui en ont fait le Dieu *Pan* ou le Génie de l'univers. Voy. Herod. II, 46. III, 28. — Herder *vom Geist der Ebräi. Poes.* etc.

6) Ce but secret du Législateur des Juifs, qui n'est pas échappé à la pénétration de Tacite, contient une solution fort simple de la difficulté qu'on rencontre en observant que Moïse a défendu sévèrement de faire des *Images*, et qu'il en a placé le premier dans la partie la plus sacrée de son Temple.

animaux, et Dieu au-dessus des animaux, de l'homme et de tout l'univers" 7).

Mais comme de son temps c'était une maxime du langage sacré 8) de se figurer le *Dieu des armées assis sur les Chérubins* יֹשֵׁב הַכְּרֻבִים (II. Sam. VI, 2.) *monté sur un Chérubin et volant sur les ailes du vent* וַיִּרְכַּב עַל כְּרוּב וַיָּעֹף וַיֵּדֶא עַל כַּנְפֵי ־ רוּחַ (Psau. XVIII, 11.), *fesant enfin ses anges les vents* עֹשֶׂה מַלְאָכָיו רוּחוֹת (Psau. CIV, 4.). Ezéchiel fit de ces quatre Chérubins, de ces quatre génies tutélaires de la nature, les quatre vents du monde, les quatre chevaux du char du Tout-puissant. Nous avons pour garans de cette explication le Prophète Zacharie qui a été peut-être contemporain d'Ezéchiel, et l'auteur de l'Apocalypse qui a copié et développé les images pittoresques de l'un et de l'autre. En effet le premier donne aux quatre vents du ciel אַרְבַּע רוּחוֹת הַשָּׁמַיִם (VI, 5.) quatre charriots אַרְבַּע מַרְכָּבוֹת (ib. vs. 1.) qu'ils te-

---

7) Haghiga 13, 2.

8) Le langage sacré et symbolique de tous les peuples de l'antiquité a été emprunté en grande partie aux phénomènes de la nature. C'est cependant un faux système que de supposer qu'il n'y a rien de réel sous ces enveloppes, car l'allégorie cache, et ne détruit pas l'histoire. Ce langage ayant été inaltérable aussi long temps qu'il a été *sacré*, ne s'est pas plié, pour ainsi dire, aux formes des faits comme le langage historique, mais il a plutôt contraint les faits à prendre ses formes. C'est pourquoi on a de la peine à distinguer du soleil tant et tant de héros chefs de tribus et conducteurs de colonies. Leurs contemporains leur ont appliqué dans l'apothéose le même langage que la reconnaissance des nations avait puisé dans les bienfaits de cet astre. Le langage sacré tiré du soleil a produit les mêmes effets que ses rayons; c'est à dire, il a ébloui les yeux des hommes en rendant douteuse l'existence des choses parce qu'il l'a souvent environnée de trop d'éclat.

naient continuellement attelés entre deux montagnes d'airain pour exécuter les ordres de l'Eternel sur toute la terre. *Après cela*, continue le Solitaire de Pathmos, *je vis quatre anges qui se tenaient aux quatre coins de la terre, et qui retenaient les quatre vents de la terre.* τέσσαρας ἀγγέλους ἑστῶτας ἐπὶ τὰς τέσσαρας γωνίας τῆς γῆς κρατοῦντας τοὺς τέσσαρας ἀνέμους τῆς γῆς (VII, 1.) [9]. Mais comme d'autre part les deux chaînons extrêmes de la création avaient été le ciel et la terre (Gen. I, 1.) savoir : le ciel empyrée sur lequel réside la Majesté de Dieu (Psau. VIII, 2.) et que l'Eternel baisse lorsqu'il veut apparaître aux morts, ayant l'obscurité sous ses pas (Psau. XVIII, 10.); et la terre qui est le marche-pied de son trône (Esa. LXVI, 1.); le même Prophète place sur la tête et sur les ailes ouvertes de ces quatre Chérubins une *étendue semblable au crystal qui était le symbole du ciel des cieux* (רָקִיעַ I, 22. Gen. I, 8.) comme le plafond chez les Egyptiens [10] et sous leurs pieds une autre étendue pareille qui, comme nous le verrons dans la suite, ne pouvait être que le symbole de la terre (II, 15.).

Ces circonstances et beaucoup d'autres semblables que j'omets par amour de la brièveté, car je ne donne

---

9) Homère, Virgile et Mahomet nous parlent des vents comme d'autant de génies, et les Artistes nous ont laissé beaucoup de monumens analogues à ces idées poétiques. Voy. *le monde primitif* de Court de Gebelin. Tom. IV. du Calendrier.

10) Voy. Champillion, Précis du Syst. Hierog. pag. 277. Les anciens se sont représenté le monde, comme un vaste édifice dont le ciel était le toit et la terre l'embasement. Les colonnes qui le soutenaient étaient tantôt les plus hautes montagnes, tantôt les héros les plus célèbres de l'antiquité, tels qu'Atlas, Hercule etc.

ici qu'un extrait d'un plus long ouvrage, nous autorisent à croire que la roue qui joue un grand rôle dans cette vision appelée par les Talmudistes מעשה מרכבה, *l'oeuvre du charriot*, n'est nullement la roue d'un char ordinaire, comme on l'a pensé jusqu' ici, mais celle d'un char tout particulier tel que celui qui a été donné par Milton au fils de Dieu:

> Forth rush'd with whirlwind sound
> The chariot of Paternal Deity etc. [11]).

En d'autres termes ce char a été celui de l'univers (*Universitatis currus*) ainsi qu'on peut le déduire de tout ce que je viens d'exposer, et la *roue* sur laquelle il se meut et qui en occupe la partie intérieure ne peut être que le symbole d'une sphère céleste, ainsi que je vais le démontrer. Le but spécial de mes recherches sera donc de prouver que cette roue sur laquelle on a tant écrit jusqu'ici n'est que le symbole de la sphère étoilée. Je tâcherai de remplir ma tâche en examinant:

1º. La nature du langage astronomique dont le Prophète se sert dans la description détaillée qu'il en donne.

2º. Les trois qualités d'êtres *animés, harmoniques* et *pleins d'yeux* qu'elle a de commun avec la sphère des étoiles fixes.

3º. Enfin la destination de la cassolette remplie de charbons ardens qu' Ezéchiel place dans le centre de cette roue et qui ne peut y représenter que le soleil.

---

11) Parad. Lost. L. VI.

Voici une roue dans la terre dit le Prophète (I, 15.) *auprès des animaux* (qui se tenaient debout) *à ses quatre faces* וְהִנֵּה אוֹפַן אֶחָד בָּאָרֶץ אֵצֶל הַחַיּוֹת לְאַרְבַּעַת פָּנָיו. Après une aussi expresse déclaration que cette *roue* n'était qu' *une* וְהִנֵּה אוֹפַן אֶחָד on ne saurait s'imaginer comment les Interprètes en ont pu voir quatre dans ces paroles, et les changer en quatre roues d'un char. Ils ont été induits en erreur, je pense, parce qu' Ezéchiel se sert plus bas (ib. vs. 16.) du pluriel הָאוֹפַנִּים (*roues*) et qu'au dixième chapitre (vs. 9.) il a recours à cette répétition *et une roue auprès d'un Chérubin et une roue auprès d'un Chérubin* אוֹפַן אֶחָד אֵצֶל הַכְּרוּב אֶחָד וְאוֹפַן אֶחָד אֵצֶל הַכְּרוּב אֶחָד. Mais ils n'ont pas fait attention, ce me semble, ni à la situation où il s'est placé et qu'il a voulu nous retracer, ni au génie de la langue hébraïque.

Ezéchiel, apercevant de loin le char de la Majesté Divine, voit une sphère que la distance lui présente sous la forme *d'une roue.* Elle s'approche et lui découvre *quatre faces* que les quatre animaux touchaient de leur corps אֵצֶל לְהַחַיּוֹת לְאַרְבַּעַת פָּנָיו. Il veut nous faire entendre qu'il est revenu peu à peu de sa première impression, non pour changer une seule roue en quatre, mais pour nous dire qu'il a enfin reconnu qu' *une seule et même roue* avoit *quatre faces* אַרְבַּעַת פָּנָיו et que chacune de ces faces pouvait être nommée *roue* אוֹפַן vue à la même distance, mais dans une autre direction que la première fois. Le mot *roue* est donc ici synonyme de *face* ou d'un des quatre côtés d'une sphère. Or, lorsque le Prophète revient une seconde fois sur cette même circonstance de sa vision il nous dit plus clairement que chacune de ces *faces* touchait un Chérubin אוֹפַן אֶחָד אֵצֶל

הַכְּרוּב אֶחָד de même qu'il nous avait dit la première
fois que chaque Chérubin touchait une face de cette
sphère לְאַרְבַּעַת פָּנָיו. En effet toute espèce de répétition
telle que celle dont se sert Ezéchiel dans cette vision,
considérée selon les règles de la syntaxe hébraïque,
aussi bien que selon celles des autres langues orientales, ne sépare pas les objets, mais elle les distribue en
assignant à chacun la place qui lui convient, de sorte
que la phrase *une roue auprès d'un Chérubin et une
roue auprès d'un Chérubin* veut dire que cette sphère
avait autant de faces ou de côtés qu'il y avait de Chérubins, et que chaque Chérubin présidait à celle de ces
faces qui répondait au vent dont il était le symbole.
L'identité de ces deux versets (I, 15. X, 9.) a paru si
frappante au célèbre Rosenmüller qu'il les explique l'un
par l'autre, comme si le second n'était que le commen-
taire du premier. Nous verrons plus loin qu' Ezéchiel
substitue aux quatre *roues ou cercles*, le nom propre
d'une sphère (*Galgal*) et qu'il dit expressément qu'elle
se trouvait placée au milieu des quatre Chérubins מִבֵּינוֹת
לַכְּרֻבִים (X, 6.). Il faut aussi remarquer que comme les
quatre faces de cette roue étaient formées par quatre
cercles placés l'un dans l'autre, comme le sont *le méridien, l'équateur* et les *deux colures* des sphères ordinaires, on pourrait traduire ici l'expression *ophan* par
cercle, car ces deux mots aussi sont synonymes comme
nous allons le voir. Dans cette hypôthèse l'explication
de ce passage serait *et un cercle à côté d'un Chérubin
et un cercle à côté d'un Chérubin.* Ezéchiel aurait
voulu nous avertir par cette phrase que les quatre Chérubins se tenaient debout aux quatre côtés des deux
cercles principaux d'une sphère. L'une ou l'autre de

ces deux hypothèses sera toujours préférable au parti de faire violence au texte sacré jusqu'à révoquer en doute qu'il parle d'une seule roue là où il dit וְהִנֵּה אוֹפַן אֶחָד *et voici une roue sur la terre.*

Cette roue, continue le Prophète (ib. vs. 16.) avait quatre faces parce qu'elle était composée de quatre cercles tous de la même couleur, de la même forme, de la même ressemblance. *Leur aspect et leur façon étaient comme si un cercle était placé au milieu d'un autre cercle* מַרְאֵה הָאוֹפַנִּים וּמַעֲשֵׂיהֶם כְּעֵין תַּרְשִׁישׁ וּדְמוּת אֶחָד לְאַרְבַּעְתָּן וּמַרְאֵיהֶם וּמַעֲשֵׂיהֶם כַּאֲשֶׁר יִהְיֶה הָאוֹפַן בְּתוֹךְ הָאוֹפָן. La sphéricité de cette machine est si palpable dans ce verset que même les Interprètes qui ont vu dans Ezéchiel les roues d'un char ordinaire ont été forcés de l'admettre. „Le Prophète, dit le D. Rosenmüller, annonce par ces paroles qu'il avait remarqué quelque chose de singulier dans ces roues, c'est-à-dire qu'elles étaient faites de manière qu'une roue entrait dans l'autre et la coupait à angles droits, de sorte qu'elles n'avaient pas un seul cercle, ainsi que les roues ordinaires d'un char, mais deux cercles qui se croisaient mutuellement.“ Au lieu donc d'insister sur une chose généralement admise, je me bornerai à faire observer que le langage dont se sert Ezéchiel dans cette occasion est parfaitement analogue à celui qu'ont employé les astronomes de l'antiquité en parlant du système planétaire et des symboles ou des instrumens qui le représentaient. En effet Platon nous entretient dans sa République (L. X.) du fuseau mystérieux de la nécessité (Ἀνάγκης ἄτρακτος) qui tournait les sphères célestes, en nous disant comme Ezéchiel, qu'il traversait avec son extrémité inférieure plusieurs petits globes (σφόνδυλους) de la même

forme, renfermés et artistement combinés l'un dans l'autre.
ὥσπερ ἂν εἰ ἐν ἑνὶ μεγάλῳ σφονδύλῳ κοίλῳ καὶ ἐξεγλυμ-
μένῳ διαμπερὲς· ἄλλος τοιοῦτος ἐλάττων ἐγκέοιτο ἁρμόττων,
κατάπερ οἱ κάδδοι οἱ εἰς ἀλλήλους ἁρμόττοντες. Aratus
se sert dans ces Phénomènes, de la même phrase astronomique qu' Ezéchiel et Platon *adaptés l'un dans l'autre*
en nous peignant les principaux cercles de la sphère
céleste.

Αὐτοὶ δ'ἀπλάνεες καὶ ἀρηρότες ἀλλήλοισι.

Enfin Ptolomée nous donne dans son Almagaste (L. V.
C. 1.) la description d'un astrolabe sphérique qu'on pourrait prendre pour une version des paroles du Prophète
de la captivité. „Prenant, dit-il, deux cercles bien fa-
çonnés autour, à quatre faces perpendiculaires, de même
proportion dans leur grandeur parfaitement égaux et
semblables entr'eux etc." Δύο γὰρ κύκλους λάσοντες,
ἀκριβοῦς τετορνευμένους, τετραγώνους ταῖς ἐπιφανείλαις
καὶ συμμέτρους μὲν, τῷ μεγέθει πανταχόθεν δὲ ἴσους, καὶ
ὁμοίους ἀλλήλοις, συνηρμόσαμεν κατὰ διάμετρον πρὸς ὀρτὰς γωνίας ἐπὶ τῶν αὐτῶν ἐπιφανείων. —

Ezéchiel, comme je viens de le dire, analyse peu
à peu les impressions qu'un premier coup d'oeil excite
dans son ame; de sorte qu'il commence par nommer *ap-
parence de feu* (1, 4.) et *animaux* (ib. 5.) ce qu'il trouve,
après un plus mûr examen, n'être que *l'image d'un
homme lumineux* (VIII, 2.) et celle des *Chérubins* (X,
20.). De même la roue (אֽופַן) qu'il a aperçue d'abord
(I, 15.) devient par degrés une sphère à quatre faces, à
quatre cercles, et il entend de ses oreilles appeler leur
assemblage du nom de *Galgal* (X, 13.) לָאֽופַנִּים לָהֶם
קוֹרָא הַגַּלְגַּל בְּאָזְנָי. Il est clair par là que les אֽופַנִּים
(*roues, cercles*) constituent le nom des parties, et que le

גַּלְגַּל (*Galgal*) est celui de l'ensemble de cette machine [12]). Je m'arrêterai donc un instant à déterminer la signification astronomique de ces deux mots *Ophan* et *Galgal*, qui n'a pas été bien saisie par les autres interprètes.

Les paroles dont se servent Ezéchiel et les autres Prophètes de la captivité demandent souvent à être éclaircies par le génie de la langue chaldéenne; or, autant de fois que le mot אוֹפַן (ophan) est appliqué en chaldéen à la science des astres, il sert à désigner un des cercles de la sphère céleste. On dit, par exemple, selon Castelli et Buxtorf:

אוֹפַן הַמַּזָּלוֹת pour le *Zodiaque*

אוֹפַן הַמִּישׁוֹר pour l'*Equateur*

אוֹפַן הַמַּפְרִישׁ pour l'*Horizon*

אוֹפַן חֲצִי הַיּוֹם pour le *Méridien* et ainsi du reste [13]).

Le Targum Jonathan substitue, comme nous le dirons plus tard, à l'*Ophan* vu par Ezéchiel (I, 15.) *la hauteur des cieux* (רוּם שְׁמַיָּא) comme pour nous faire entendre que le mot אוֹפַן ne peut s'employer que pour désigner une partie de la sphère céleste. Le Talmud au contraire, substitue le mot אוֹפַנִים à la sphère étoilée, pour dire qu'il est défendu aux Juifs d'en faire des représentations dans le but d'y adorer les astres. „Vous

---

12) Ce *Galgal* dit le Prophète (X, 6.) était placé au milieu des quatre Chérubins et un homme pouvait y entrer et s'arrêter auprès d'un *Ophan*: וַיְהִי בְּצַוֹּתוֹ אֶת הָאִישׁ לְבֻשׁ הַבַּדִּים לֵאמֹר קַח אֵשׁ מִבֵּינוֹת לַגַּלְגַּל מִבֵּינוֹת לַכְּרֻבִים וַיָּבֹא וַיַּעֲמֹד אֵצֶל הָאוֹפָן ce qui rend incontestable que l'antithèse que nous mettons ici entre le *Galgal* et l'*Ophan*, existe réellement entre le *tout* et la *partie*. —

13) Voy. Dupuis, *Abrégé de l'origine de tous les Cultes*. C. XII.

n'imiterez pas, dit - il [14]), au nom de Dieu, vous n'imiterez pas la ressemblance de mes créatures qui me servent en haut, telles que les *Ophanim* etc. לא תעשרן כדמות שמשיי המשמשין לפני במרום כגון אופנים. Je ne me dissimule pas qu'on peut m'objecter que les auteurs des *Targumim* et des deux Talmuds ont bien pu puiser ces notions astronomiques dans les livres des Grecs et des Latins sous la domination desquels ils ont vécu; mais il ne faut pas oublier que tous ces écrivains ne sont, en dernière analyse, que des compilateurs de traditions qui remontent tout au moins aux temps d'Esdras, et l'on conviendra, j'espère, qu'on ne doit pas confondre l'âge de la création des termes scientifiques avec celui des monumens où ils paraissent pour la première fois. L'explication de l'autre mot *Galgal* nous fournira une preuve bien convaincante de cette vérité qui mérite d'être appréciée principalement dans l'examen de l'antiquité orientale.

Maimonides qui a été le plus savant antiquaire de son temps nous apprend, dès le commencement de sa *Main Forte* (יד החזקה) I. Sect. 3., que le mot *Galgal* veut dire le *ciel*, le *firmament*, une *sphère* céleste quelconque, que par conséquent il y a neuf *Galgals*, savoir: les sept planétaires, celui des étoiles fixes et le premier mobile הגלגלים הם הנקראים שמים ורקיע וזבול וערבות והם תשעה גלגלים וגומר. Les Talmudistes attachent au mot

---

14) Rosch Haschana 24. b. Le Talmud fait ici allusion aux sphères planétaires et à la sphère étoilée, comme on peut le déduire de ce qui précède et de ce qui suit. Clément d'Alexandrie nous dit (Strom. IV.) que les adorateurs des astres se fesaient des images de la sphère étoilée. Voy. Volney, Ruines. C. 22.

Galgal précisément la même signification; tout en nous
fesant remarquer, que, selon les savans d'Israël le *Galgal* est fixe, et que les planètes et les constellations sont
en mouvement : גלגל קבוע ומזלות חוזרים; tandis que
chez les sages des autres peuples le *Galgal* est en mouvement et les planètes et les constellations sont fixes [15])
גלגל חוזר ומזלות קבועין. Dans le même Targum de Jonathan, on se sert du mot *Galgal* autant de fois qu'
Ezéchiel emploie l'expression *Ophan* dans la conviction
que le Prophète désigne par ce nom les *sphères célestes*.

Or, quiconque voudrait conclure de cet état des
choses que la langue chaldéenne a emprunté du grec
parlé par les Juifs après la captivité cette signification
astronomique du mot *Galgal*, et tâcherait de nous le
persuader, en s'appuyant principalement sur le passage
du Talmud que je viens de citer et qui nous laisse en-
trevoir que les Docteurs de la Synagogue n'ont pas été
étrangers aux notions scientifiques des Philosophes de
la Grèce, se laisserait séduire par de vaines apparences.
En effet, l'auteur du Psaume LXXVII qui a été tout
au moins contemporain d'Ezéchiel, attribue au mot
Galgal précisément la même signification que les Talmudistes et les Targumistes dans ce passage très-re-
marquable (vs. 19.) קוֹל רַעַמְךָ בַּגַּלְגַּל הֵאִירוּ בְרָקִים תֵּבֵל
רָגְזָה וַתִּרְעַשׁ הָאָרֶץ. *La voix de ton tonnerre dans le
Galgal, les éclairs ont éclairé la partie du globe ha-
bitée; la terre en a été émue et en a tremblé* Les
LXX et la Vulgate, dit le D. Rosenmüller, tradui-

---

15) Pesahim F. 94. 2.

sent ici [16]): *La voix de ton tonnerre dans la roue;*
ce qui n'est nullement déplacé, si l'on prend la *roue*
pour le *char*, car alors le Prophète nous représenterait
Dieu assis sur son *char*, et se précipitant sur les Egyptiens avec tant de fougue, qu'il sortirait des roues de
ce *char divin*, comme autant de tonnerres propres à
les épouvanter. Cependant, comme dans ce lieu le nom
גַּלְגַּל marche de pair avec תֵּבֵל et avec הָאָרֶץ il paraît
qu'il signifie plutôt l' *orbe céleste*, *l'atmosphère* ou le
cercle et la totalité des choses créées que S. Jacques
lui-même (III, 6.) nomme τὸν τροχὸν τῆς γενέσεως, et
il n'y a pas de doute que la véritable signification de
ce nom hébraïque ne soit *orbe*, car il dérive du verbe
גָּלַל qui veut dire *circumvolvit*. Cette explication peut
acquérir un nouveau degré d'évidence par cette phrase
qui se trouve dans le verset qui précède קוֹל נָתְנוּ שְׁחָקִים
les nuées ont fait retentir la voix, et qui explique à
merveille l'autre: *la voix de ton tonnerre dans le Gal-*
gal, dont elle est le pendant. Et comme cette Epipha-
nie n'est d'ailleurs qu'une imitation de celle que David
nous présente avec des couleurs très-pittoresques dans le
Psaume XVIII, il est clair que son auteur a voulu dire
par les paroles קוֹל רַעַמְךָ בַּגַּלְגַּל *la voix de ton tonnerre*
dans le Galgal précisément la même chose que David
dans le verset 14. וַיִּרְעֵם בַּשָּׁמַיִם יְהוָֹה. *Et l'Eternel*

[16) La version arabe est encore plus précise à se sujet صَوْت
الْفَلَك رَعْدِكَ فِي *fragor tonitrui tui in sphaera.* Voy. en outre
le Dictionnaire Talmudique intitulé *Aabruc* עָרוּךְ à l'article גלגל.

tonna dans les cieux; de sorte que les deux mots גַּלְגַּל
et שָׁמַיִם sont dans ces deux passages parfaitement synonymes.

Il n'est pas sans intérêt d'observer que le nom גַּלְגַּל
et le mot πόλος considérés dans les fastes de la science
des astres, sont tellement analogues entr'eux, que,
de même que le premier a dû signifier en Chaldée, ainsi
que nous venons de le prouver, une *sphère céleste et
l'instrument astronomique qui la représente;* de même
le second a constamment indiqué l'une et l'autre dans là
bouche des Sages de la Grèce. En effet Boccace nous
rapporte [17]) sur la foi de Pronapide, que Pôle a été
le sixième fils de Demagorgon, c'est-à-dire une masse
ou globe de boue tirée de l'eau qui finit par s'envoler
d'entre les mains de celui qui le formait, embrassa toutes les choses créées, et embellit sa surface des étin-
celles qui s'échappaient de dessous le marteau de son
père [18]). Tout le monde sait en outre que Platon, Aristote, Clément d'Alexandrie, Aristophane, Euripide et
Virgile ont pris souvent le *pôle* pour le *ciel* ou pour
les espaces de l'atmosphère, et que cela a porté Suide
à faire la remarque judicieuse que les anciens se sont
servis de ce nom dans un sens bien plus étendu que
les modernes : πόλον γαρ οἱ παλαιοὶ οὐχ ὡς οἱ νεώτεροι
σημεῖον τι, καὶ πέρας ἄξονος ἀλλὰ τὰ περιέχον ἅπαν
(ἐκάλουν).

---

17) Généalogia degli Dei. L. I.

18) Il est à remarquer que le mot arabe كوكب signifie *scintil-
lavit ferrum* et le mot hébraïque et chaldéen כּוֹכָב veut dire *étoile.*

D'un autre côté Weidler nous cite dans son histoire de l'Astronomie ce vers d'un ancien Poète:

$$\text{οὐρανίη πόλον εὗρε, καὶ οὐρανίων χόρον ἄστρων,}$$

vers qui contient selon lui l'invention du globe céleste. Ovide et Claudien confondent le pôle avec le planétaire d'Archimede: Ammien Marcellin substitue ce même nom à la sphère: Aristophane et Pollux appellent pôle un hémisphère armé d'un gnomon: enfin Salmase nous assure que dans une épigramme de l'anthologie, on attribue cette même dénomination à un planisphère.

Or l'astrolabe sphèrique ou planétaire qu' Ezéchiel a trouvé en Chaldée, met, à mon avis, hors de toute contestation, que les Chaldéens ont dû faire du verbe בלל le mot astronomique בלבל avant que les Grecs eussent formé le nom πόλος de πολέω [19]) et que, par conséquent, Hérodote a eu raison de soutenir qu'ils ont donné les premiers aux Hellènes πόλον (la sphère), καὶ γνώμονα (et l'hémisphère) [20]).

Je passe maintenant à prouver qu' Ezéchiel s'est servi d'une sphère chaldéenne pour symbole du ciel des étoiles fixes.

---

19) En suivant la même analogie les Astronomes du moyen âge ont créé le nom barbare *Torquetum* du verbe *torqueo*.

20) L. II, 109. De même les Philosophes chaldéens ont dû employer le mot *ophan*, *roue ou cercle* dans un sens astronomique avant les poètes et les sages de la Grèce. Voy. l'hymne de Mars attribué à Homère (vs. 8.). C'est donc d'Homère et d'Ezéchiel que le Dante a pu tirer *le celesti ruote* de son voyage mystique. Je dois avertir mesl écteurs que j'ai donné un petit extrait de mon explication du char d'Ezéchiel dans un article imprimé en Italie en 1824. en prouvant que le Dante a souvent puisé aux sources des orientaux.

Autant de fois que le Prophète parle des roues (הָאוֹפַנִּים) et des animaux (הַחַיּוֹת) il change le genre des pronoms (*suffixes*) qui sont relatifs aux unes et aux autres; de sorte que les *pronoms* qui se rapportent aux premières sont du genre des derniers et vice-versa. Je pense que comme une telle irrégularité n'a lieu que dans cette partie de ses visions, elle ne doit pas être attribuée à la *permutation du sujet ou objet logique avec le sujet et l'objet grammatical* qui sert à expliquer beaucoup d'anomalies semblables dans les idiomes de l'orient. Elle dérive plutôt de ce que ce poète sacré fait des roues et des animaux, un seul tout indivisible, je dirai presqu'un seul et même corps. „De Cherubis et rotis mixtim loquitur propheta, dit Rosenmüller (X, 11. et 12.), quia erant unum quid," de manière que l'auteur de la version syriaque a été forcé de donner aux *roues* la chair, les dos, les mains et les ailes des Chérubins

ܘܠܟܣܗ ܟܣܘܗܝ ܢܣܘܢܗܝ ܐܘܕܝܘܗܝ ܘܩܦܘܗܝ ܓܕܦܝܗܝ:

Ezéchiel envisage donc les Chérubins comme les moteurs d'une *roue* ou d'une *sphère céleste* et les suppose composés de la même matière que cette roue ou sphère, ainsi que l'ont cru les anciens, selon le témoignage d'Aristote [21] et de Plutarque [22].

Mais les cercles de cette roue ne constituaient pas seulement un seul ensemble avec les quatre Chérubins qui y présidaient, elles étaient aussi animées

---

21) Metaph. L. XIV. C. 8.

22) De oracu. defectu.

et mises en mouvement par le même esprit que les Chérubins; idée sur laquelle le prophète revient à plusieurs reprises, comme s'il craignait qu'elle pût nous échapper (I, 20. 21. X, 17.) כִּי רוּחַ הַחַיָּה בָּאוֹפַנִּים *car l'esprit de l'animal (des animaux) était dans les roues.* Ezéchiel n'avait pas besoin d'emprunter des Chaldéens le dogme de l'ame du monde; Moïse l'avait déjà consacré dans la première page de sa Cosmogonie, comme l'a fait très-bien remarquer le D. Rosenmüller (Gen. I, 2.). Platon dans son Timée, Pline dans son histoire naturelle, Macrobe, Aratus et Manile nous font sentir qu'il a constitué une des maximes fondamentales de la philosophie de toute l'antiquité. Je me contenterai de citer à ce propos les beaux vers de Virgile, parce qu'ils cadrent à merveille avec la roue d'Ezéchiel qui était comme je viens de le prouver le symbole d'une sphère céleste et l'image du monde.

> Spiritus intus alit, totumque infusa per artus
> Mens agitat molem et magno se corpore miscet [23]).

Enfin cette roue symbolique a aussi la même voix que les Chérubins qui la conduisaient. Le prophète nous le dit expressément (III, 12. 13.) en ces termes: וַתִּשָּׂאֵנִי רוּחַ וָאֶשְׁמַע אַחֲרַי קוֹל רַעַשׁ גָּדוֹל בָּרוּךְ כְּבוֹד־יְהֹוָה מִמְּקוֹמוֹ : וְקוֹל כַּנְפֵי הַחַיּוֹת מַשִּׁיקוֹת אִשָּׁה אֶל־אֲחוֹתָהּ וְקוֹל הָאוֹפַנִּים לְעֻמָּתָם וְקוֹל רַעַשׁ גָּדוֹל : *Et l'esprit m'éleva, et j'ouis après moi la voix d'une grande émotion (qui chantait): Bénie soit de son lieu la gloire de l'Eternel. Et le bruit des ailes des animaux qui s'entre-touchaient les unes les autres et le bruit des roues avec eux, et*

---

23) Enéid. VI, 727 et 28.

22

la voix d'une grande émotion. [24]). Job aussi bien que
le Psalmiste avait donné avant Ezéchiel, la voix aux
cieux et aux astres, et l'harmonie des sphères est un
sujet dont se sont beaucoup occupés les anciens Philosophes, ainsi que nous l'attestent Aristote, Cicéron, Pline
et Macrobe.

Mais je ne fais que passer légèrement sur des
points de doctrine qui ont été si souvent discutés
par les autres. Je m'arrêterai un peu plus long-
temps à rendre compte de la signification symbolique
des yeux dont Ezéchiel a rempli les quatre cercles de
sa sphère, et les quatre Chérubins qui y étaient atta-
chés. *Toute leur chair,* dit-il, *et leurs dos, et leurs
mains et leurs ailes et les roues étaient pleines d'yeux
à l'entour sur leurs quatre côtés* (X, 12. voy. I, 28.)
וְכָל בְּשָׂרָם וְגַבֵּהֶם וִידֵיהֶם וְכַנְפֵיהֶם וְהָאוֹפַנִּים מְלֵאִים עֵינַיִם
סָבִיב לְאַרְבַּעְתָּם אוֹפַנֵּיהֶם [25].

---

24) Le Dante fait chanter de même aux moteurs et aux habitans
de chaque roue céleste, des hymnes de louange à la gloire de Dieu.
Voy. en outre le Koran Sur. XVII, 46. XXXIX, 75. XL, 7. —

25) Si on traduisait par *roues* le mot *ophanim* qui est répété ici
deux fois, ce verset ne présenterait aucun sens. Il est donc évident
que la première fois il doit être rendu par *cercles* comme le fait la
Vulgate. D'un autre côté si on le traduisait la première fois par
cercles et la seconde par *roues,* au lieu d'une seule *sphère,* nous en
aurions quatre dans la vision d'Ezéchiel, ce qui augmenterait encore
davantage la probabilité de notre hypothèse; mais comme on ne saurait révoquer en doute l'unité de la *roue* prophétique dont nous
avans parlé jusqu'ici, il suit de là nécessairement qu'aussi dans ce
verset il faut traduire le mot *ophanim* par *roues ou cercles* la première fois, et par *côtés* ou *faces* la seconde; d'autant plus que la
phrase לְאַרְבַּעְתָּם אוֹפַנֵּיהֶם ne contient ici qu'une version ou pour
mieux dire une répétition de l'autre, analogue (I, 15.) לְאַרְבַּעַת פָּנָיו
à ces quatre faces.

Ezéchiel avait besoin de changer les étoiles en yeux, afin de reprocher par ce symbole, à ses coréligionnaires, l'énormité du crime dont ils se rendaient coupables, en révoquant en doute la providence de Dieu, et en répétant pour s'encourager les uns les autres à marcher dans le chemin de l'iniquité: *L'Eternel a abandonné la terre; L'Eternel ne voit rien* (VIII, 12. IX, 10.). Comme Moïse, Job, Jesaie et tous les autres Prophètes avaient accoutumé les Juifs à prendre l'*oeil* pour le symbole de la providence divine, Ezéchiel en substituant les yeux aux étoiles, leur disait par le langage expressif de l'allégorie: *Dieu voit du haut des cieux sur la terre, par autant d'yeux qu' il y a d'étoiles dans le firmament.* Le but secret du Prophète a été senti presque par tous les imitateurs et les interprètes de sa vision; de sorte que le Rabbin Apuda [26]), S. Jérôme et l'auteur de l'Apocalypse [27]) ont été forcés d'admettre qu' Ezéchiel a fait allusion aux étoiles de la voûte céleste, en couvrant d'yeux son char prophétique.

Voyons donc en peu de mots, comment ce poète divinement inspiré a pu puiser une image aussi sublime dans l'antiquité sacrée et profane où tous les phénomènes de la lumière des astres ont été représentés par des yeux [28]).

---

26) More Nevukim P. III. 2.

27) IV, 8. Voy. George Rosenmüller.

28) L'auteur de l'Ecclésiaste a même employé la *lumière du soleil, de la lune et des étoiles* comme symbole de celle des yeux (XII, 2.). Voy. la Paraphrase chaldéenne et le Talmud, Traité *Schabbath*, 151. b.

Les yeux du crocodile sont selon Job (XLI, 9.) *comme les paupières de l'aube du jour* עֵינָיו כְּעַפְעַפֵּי שָׁחַר ce qui est parfaitement analogue à ce que pratiquaient les Egyptiens, pour signifier le lever du soleil. Nous savons en effet qu'ils peignaient les yeux d'un crocodile, et qu'ils représentaient un crocodile la tête renversée, pour indiquer le coucher du même astre [29]. Pausanias nous rapporte [30] que sur le coffre de Cypsèle, une femme tenait deux enfans dans ses mains, savoir: un enfant blanc endormi dans sa droite παῖδα λευκὸν καθεύδοντα τῇ δεξιᾷ χειρὶ, et dans sa gauche un autre noir qui paraissait vouloir s'endormir: τῇ δὲ ἑτέρᾳ μέλανα ἔχει παῖδα καθεύδοντι ἐοικότα. Il ajoute que ces enfans avaient tous les deux les pieds contournés ἀμφοτέρους διεστραμμένους τοὺς πόδάς. Pausanias a vu dans cette femme la nuit, et dans les deux enfans le symbole du sommeil et de la mort, sans réfléchir que par cette explication, il ne rendait raison ni de leur couleur, ni de leur position, et que ce coffre ayant été l'instrument de la conservation de Cypsèle [31] devait être embelli par le symbole de la vie plutôt que par celui de la mort. Malgré son autorité et celle de plusieurs autres interprètes, il me paraît que la femme en question, était là pour figurer le jour naturel [32] qui a deux en-

---

29) Horopol. L. I, 68.

3o) In Eliacis L. V, 18.

31) Ib. 17.

32) Les artistes grecs ont dû représenter le jour sous l'image d'une femme ayant égard au genre du nom ἡμέρα, de même qu'il y a eu un temps où les artistes chrétiens se sont servis du même symbole pour représenter le *Saint Esprit*, dont le nom (רוּחַ) est le plus ordinairement féminin en hébreu.

fans savoir: le lever et le coucher du soleil ou les deux crépuscules. Ainsi l'enfant blanc placé à droite et qui avait les yeux fermés, était le symbole du lever du soleil qui, par sa lumière, cache les étoiles et ferme les yeux de la nuit: et l'enfant noir placé à gauche et clignant les yeux, était le symbole du coucher du soleil qui fesant succéder les ténèbres à la lumière, montre à découvert les étoiles et ouvre petit-à-petit les yeux de la nuit. Dans ce même but les Egyptiens peignaient un paon ayant la queue ramassée ou déployée, selon qu'ils voulaient signifier le commencement et la fin du jour, en prenant les yeux du plumage de cet animal pour symbole des étoiles [33].

Les deux enfans avaient enfin les pieds contournés comme un serpent, pour indiquer la carrière annuelle du soleil, selon l'observation que Macrobe a tirée de la doctrine des mêmes Egyptiens: *draconis effigies flexuosum iter sideris monstrat.* Je conclus de toutes ces circonstances que les images symboliques du coffre de Cypsèle ont été une imitation d'un monument Egyptien, faite par un artiste qui n'en comprenait pas le sens. Mais je reviens à mon sujet.

Sophocle a donné au soleil l'épithète de: *paupière du jour.*

ὦ χρύσεας

ἁμέρας βλέφαρον [34]

Et Eschile a appelé la lune: *l'ornement des astres et l'oeil de la nuit.*

πρέσβιστον ἄστρων, νύκτος ὄφθαλμος [35]

---

33) Pierii Hierogl. L. XXIV, 4 et 5.
34) Antig. 103 et 4.
35) Ἑπτὰ ἐπὶ Θηβ. 375.

Le Dante a réuni ensemble les idées des deux poètes grecs quand il dit [36]):

> Certo non si scotea si forte Deló
> Pria che Latona in Lei facesse il nido
> A parturir li due occhi del cielo.

Le Prophète Zacharie (III, 9.) nous présente à son
tour, toutes les planètes sous l'image de *sept yeux
ouverts sur la pierre fondamentale du Temple* עַל אֶבֶן
אַחַת שִׁבְעַת עֵינַיִם, car S. Jean imitateur de ce Prophète
substitue à ces sept yeux, sept étoiles, et les sept génies qui présidaient aux sept planètes [37]).

Enfin le Viasa Mani aux dix mille pupilles des Indiens, le Mithra aux dix mille yeux des Persans, et
l'Argus aux cent yeux des Grecs et des Latins, sont
visiblement le symbole de la voûte étoilée qui se montre dans tout son éclat pendant une belle nuit [38]).

---

36) Purg. 130 — 32.

37) Apoc. I, 4. 13. II, 1. IV, 5. V, 6. etc. Les sept planètes
sont les Ministres du Roi du ciel; et les Ministres des Rois de la
terre sont nommés selon Hérodote: *leurs yeux.*

38) Argus est coelum, dit Macrobe (Saturn. L. I. C. 19.), stellarum luce distinctum, quibus inesse quaedam species coelestium vide-
tur oculorum. Et lorsque Ovide le métamorphose en paon (Metam.
L. I. vs. 625 etc.) il rend ce symbole astronomique aux Egyptiens
dont les Grecs et les Latins l'avaient emprunté. Le Tasse qui a dit:

> *Vorria celurla a' tanti occhi del cielo,*

a traduit à la lettre ces paroles de Pline: *Inde tot stellarum collu-
centium illi oculi.* On serait tenté de croire que Catulle et Tho-
graï, poète arabe, se sont copiés mutuellement dans ces deux passages qui méritent d'être rapprochés l'un de l'autre

Il me reste maintenant à parler du centre et de la base qu' Ezéchiel a donnés à cette sphère, vive image du ciel des étoiles fixes. J'ai déjà dit que l'iniquité capitale des Juifs était, à cette époque, le culte du soleil, que les peuples limitrophes leur avaient prêté. En effet, transporté en vision à Jérusalem, Ezéchiel y vit *l'idole de la jalousie, qui provoquait à la jalousie* (VIII, 1 — 6.) placée à l'entrée de la porte aquilonaire du Temple, et qui n'était autre chose que la statue de Baal, c'est-à-dire du soleil [39]). Il vit aussi (ib. vs. 14.) des femmes assises, qui pleuraient *Tammuz*, divinité Syrienne qui répond au *Baal* (Dominus) des Chaldéens et à l'Adonis (Dominus) des Grecs, c'est-à-dire encore une fois, au soleil [40]). Il vit enfin (ib. vs. 16.) entre le porche et l'autel vingt cinq vieillards, qui, tournant le dos au Saint des Saints et le visage vers l'orient, se prosternaient devant le soleil [41]) וְהֵמָּה מִשְׁתַּחֲוִיתֶם קֵדְמָה לַשָּׁמֶשׁ.

Aut quam sidera multa, cum tacet nox,
Furtivos hominum vident amores

تَنَامُ عَنّي وَعَين ٱلنّجمِ سَاهِرَةِ

Dormis, me neglecto, cum oculus stellae vigilet.

39) Voy. Court de Gébelin ib. L. III. Sect. II.

40) Voy. Macrobe Saturn. L. I. C. 21. Dupuis ib. C. IX. et Court de Gébelin. L. III. Sect. 3. Les femmes juives solemnisaient la fête d'*Adonis* par des pleurs, ainsi que le fesaient les femmes grecques selon l'autorité d'Aristophane (Lysistr. 387 — 96.) et de Lucien (*de Syria Dea.*).

41) Les Juifs accomplissaient cet acte d'adoration (ib. 17.) en portant une *branche* à leurs nez comme les Perses. Voy. Hyd. *Histoire des anciens Perses* et le Zendavesta traduit par Kleuker. C. III. p. 204.

De même donc que pour leur reprocher le crime de révoquer en doute la Providence ou la Sagesse suprême, par laquelle Dieu conduit l'univers, Ezéchiel a dû se prévaloir du symbole des yeux; de même il s'est trouvé, je dirai presque, forcé de se servir de celui du soleil, pour leur faire sentir combien ils étaient coupables, lorsqu'ils préféraient son culte à celui de l'Eternel. En effet, en se montrant incertain, comme à l'ordinaire, lorsqu'il fixe ses yeux pour la première fois sur les objets *qui l'environnent,* le Prophète voit d'abord (I, 13.) *comme la ressemblance d'une lampe ou d'un flambeau qui marchait au milieu des animaux* כְּמַרְאֵה הַלַּפִּידִים הִיא מִתְהַלֶּכֶת בֵּין הַחַיּוֹת. Cette lampe ou flambeau devient plus tard (X, 2.) *une cassolette remplie de charbons ardens qu'un homme vêtu de lin répand sur la ville.* Or, nous voyons qu'Esaie [42]), Sophocle [43]), Virgile [44]), Lucrèce [45]) et Mahomet lui-même [46]) ont confondu ensemble les notions de *lampe* et de *soleil,* en prenant l'une pour l'autre; qu'au rapport de Plutarque [47]), d'Athénée [48]) et de Kircher [49]) les lampes qui ornaient le Temple de Jupiter Ammon, celui d'Heliopolis et le Prytanée des Tarentins, mesuraient la carrière annuelle du soleil; qu'enfin sur le témoignage

---

42) LXII, 1.

43) Antig. 878. etc.

44) Aen. IV, 6.

45) VI, 1191 etc.

46) Sura LXXI, 15. et LXXVIII, 13.

47) De oracul. defectu.

48) L. XV.

49) Oed. Aeg. T. III. Synt. XX. C. 2.

d'Hérodote [50]) et de Manethon [51]) on célébrait dans
toute l'Egypte et plus particulièrement dans la ville de
Saï la fête des lampes et des flambeaux en l'honneur
d'Osiris, le soleil des Egyptiens. D'autre part, en Orient
comme en Occident, le soleil a été toujours envisagé
comme le foyer du monde, et on a entretenu dans chaque temple, le feu sacré qui en était l'image, et qu'on
renouvelait à cet effet, au commencement de l'année [52]).

Mais Ezéchiel ajoute à la cassolette remplie de feu
deux circonstances qui en font indubitablement le symbole du soleil. Il nous rapporte (I, 13.) qu'elle avait
la *splendeur du jour* וְנֹגַהּ לָאֵשׁ et, à plus proprement
parler, *la splendeur du jour naissant* [53]) et la met
sous l'inspection d'un homme vêtu de lin (IX, 2. et X,
2.) que l'auteur de l'Apocalypse nous donne pour l'ange
du soleil; comme on peut le déduire de ce que nous
avons fait remarquer plus haut sur les génies des sept
planètes.

Pour circonstancier encore mieux le *feu sacré* dont
il nous parle, outre les deux noms de *lampe* et de *cassolette*, le même Prophète lui en attribue (I, 14.) un
troisième, qui mérite de fixer notre attention; car il
ne reparaît dans aucun autre passage de la Bible. Ce

---

50) L. II, 62. Voy. Macrob. Saturn. L. I. C. 17 et 21.

, 51) Apud Syncel. Voy. Euripid. Jon. 1074 — 8. Bacchi.

52) Plutarque de placit. Philos. L. II. 20. Quinte Curce de Rab.
Alex. Mag. L. III, 3. Herod. L. VIII, 40. Eurip. Iphig. in Taurid.
1139. 40. Court de Gebelin ib. L. II. Sect. III. C. 10. Dupuis ib.
C. 2. etc.

53) Voy. Prov. IV, 18. et le Talm. de Bab. *Pesahim* ad init.

nom est הַבָּזָק, que je crois qu'il faut traduire: *le radieux, le soleil qui lance ses rayons de toute part comme autant de flèches.* En effet le verbe בָּזַק, dit le D. Rosenmüller, renferme la notion de *répandre ou éparpiller* dans tous les autres dialectes analogues *unde nomen forsan proprie radios lucis seu fulguris subito latissime sese dispergentes indicat.* Sane Arabibus בזק praeter spargendi notionem et de sole exoriente radiosque suos late diffundente, Giggeio teste, dicitur. Il suit de là que l'épithète הַבָּזָק ne peut être qu'une de plusieurs dénominations que les Chaldéens donnaient à l'astre du jour [54]. Il est vrai qu' Ezéchiel ajoute (I, 13.) que de ce feu, image du soleil, sortaient des éclairs וּמִן הָאֵשׁ יוֹצֵא בָרָק, mais comme la coutume des Prophètes est de rendre instrument du courroux céleste tout ce qui a servi de pierre d'achoppement et d'occasion de péché au peuple de Dieu, il change les rayons du soleil en autant de foudres qui propagent un incendie destructeur, en autant de flèches meurtrières qui portent par tout la désolation [55]. Dans un semblable circonstance Habacuc habille Dieu de la splendeur du soleil, et l'arme d'arc de flèches, d'éclairs et de foudres (III, 4. et 5.), et Homère fait que le Dieu, soleil lui-même (Ilia. 43 — 53.), se venge d'un affront en se servant de ses rayons convertis en flèches, pour exciter la peste; car l'antiquité a constãmment figuré les rayons

---

54) Je n'omettrai pas de faire remarquer l'anologie qu'il y a entre les deux noms בָּזָק et בַּזִּיךְ et que ce dernier signifie en chaldéen, *acerra, phiola thuraria, thuribulum* —

55) X, 2. Voy. V, 12. 16. VI, 12. etc. VII, 13. Talm. Sanh. 109. a. Berac. 58. h. et 59. a.

de cet astre, par la foudre et les flèches [56]. Je ne
passerai pas sous silence qu' Ezéchiel nous parle deux
fois du soleil et cumule toujours les noms, les épithè-
tes et les symboles que les Chaldéens lui attribuaient de
son temps. Il l'appelle d'abord *Baal*, *Tammuz* et *Soleil*;
et puis *lampe*, *cassolette* et *radieux*. De même Quinte-
Curce nous avertit dans le passage que nous en avons
cité ci-dessus, que les Persans portaient dans une pro-
cession mystique l'image du soleil renfermée dans du
crystal; le feu sacré et éternel placé sur des autels d'ar-
gent, et le fesaient suivre par autant de jeunes gens
qu'il y a de jours dans l'année, *veluti diebus totius anni
pares numero*.

La Cassolette dont parle le Prophète occupait indubitablement le centre du *Galgal* ou de la sphère que
nous venons de décrire, car le Prophète nous le dit expressément à plusieurs reprises (I, 13. X, 2. et 6.). On
pourrait cependant croire que le centre de cette machine
contenait une allusion cabalistique au coeur du monde [57]
ou au feu central, plutôt qu'une véritable notion astronomique. On pourrait même soupçonner qu' Ezéchiel
a parlé en poète, et qu' ayant pris une sphère pour en
former le Char du Tout-puissant il a placé le feu dans
son centre, pour arrondir une image poétique sans trop
penser au système du monde. Nous voyons en effet qu'

---

56) Voy. Heliod. Aeth. Hist. L. IX. et X. Lucr. I, I. 146 — 48.
II, 160 — 3. Herod. L. IV, 94. Diog. Laert. in Proëm. Sophoc.
Trach. 99. et Oed. Ty. 200 — 14. Dante Purgat. II, 55 — 57. etc. etc.

57) Car la Cabale des anciens envisageait le monde (*macrocosmon*)
comme un homme, et l'homme comme un petit monde (*microcosmon*)
ainsi qu'on peut le déduire du livre Zohar et de plusieurs passages
de Macrobe.

Homère [58]), Eschile [59]) et Nonnus [60]) n'ont peut-être
assigné le centre d'un bouclier, le premier au soleil, le
second à la lune, et le troisième à la terre que parce-
qu'ils voulaient nous donner une jolie description de cette
arme, qui était plus probablement circulaire. Mais ex-
aminons dans quel sens les astronomes chaldéens qu'
Ezéchiel imitait, ont pu se figurer que le soleil consti-
tuait le centre du système du monde.

Maimonides dont le savoir et la critique ont été au-
dessus de son siècle, nous rend compte dans son *More
Nevukim* (P. III, 29.) des *Sabiens* ou des adorateurs
des astres, contemporains d'Abraham et de leurs livres
qu'il appelle très anciens, et qui renfermaient une doctrine
bien antérieure à leurs auteurs. A ce propos il nous
dit en avoir vu un entre autres, traduit en arabe et in
titulé העבודה הנבטיה (*Havoda hannabathia*) qui contenait l'histoire suivante : „Un prêtre ou prophète idolâ-
tre nommé Tammuz (תמוז *soleil*) [61]) invitait un Roi à
adorer les sept planètes (השבעה ככבים) et les douze
signes du Zodiaque. Mais ce roi le fit tuer ignominieu-
sement. On rapporte que la nuit de sa mort, toutes
les images (*des planètes et des astres*) se rassemblè-
rent des extrémités de la terre, dans un temple de Babel, consacré à la grande image du soleil qui était en
or, et se trouvait suspendue entre le ciel et la terre

---

58) Ilia: Σ, 483 — 89. Voy. Eurip. Elect. 464.

59) Ἑπὰ ἐπὶ Θήβ. 372 — 75. Voy. 385 et 86.

60) *In Dionysiacis* XXV.

61) Car les prêtres idolâtres portaient le nom de la divinité dont
ils étaient les ministres.

(c'est-à-dire au centre de l'édifice). Elle tomba au milieu du temple et toutes les autres images se rangèrent autour d'elle (סביבו). Elle commença alors à déplorer Tammuz et à conter ce qui lui était survenu et toutes les autres images pleurèrent et firent des lamentations toute la nuit, et au lever de l'aurore elles s'envolèrent, et revinrent dans leurs temples aux confins de la terre. C'est de là que s'est perpétué l'usage de s'attrister, de pleurer et de porter le deuil à cause de *Tammuz* le premier jour de ce mois. Or cette histoire de Tammuz est bien ancienne parmi les Sabiens.

Il me paraît indubitable que le temple de Babel, au milieu duquel était suspendue l'image du soleil, figurait le monde, et que les auteurs de cette histoire ont cru que les planètes fesaient leurs cours autour du soleil. L'expression סְבִיבוֹ de סבב *circuivit, circumivit* le prouve avec évidence, et on peut y ajouter que les mêmes Sabiens (ib.) sacrifiaient au soleil sept chauve-souris שבעה עטלפים) apparemment parceque cet animal qui aime à voltiger autour de la lumière figurait les révolutions des planètes autour de l'astre du jour.

On voit fort bien par toute cette histoire, que les savans de la Chaldée, non seulement avaient déplacé la terre du centre du monde, mais qu'ils en avaient fait une des sept planètes ou satellites, ou ministre du Grand Dieu, comme ils appelaient le soleil. Mais Ezéchiel ne pouvait admettre cette dernière idée, sans contrevenir aux maximes de son école, et aux opinions communément reçues par ses coréligionnaires sur l'immobilité de la terre. Il imite Moïse qui se propose souvent pour but de réfuter les doctrines de son temps. Il dit donc (L. 15.) *voilà une roue sur la terre* וְהִנֵּה אוֹפַן אֶחָד בָּאָרֶץ, ce qui signifie: *voilà une sphère attachée au symbole de la terre qui lui sert de base et qui soutient en même temps les quatre animaux ou Chérubins.* En effet s'il s'agissait ici de la terre proprement dite, il y auroit une contradiction manifeste dans les paroles du Prophète; car ni les Chérubins ni la sphère n'étaient placés sur la terre; mais sur une grosse nuée qui venait de l'Aquilon sur les ailes de la tempête (I, 4.). Il n'est pas même à présumer que la nuée eût déposé le char sur la terre, car il n'était pas fait pour rouler sur sa surface, mais pour voler dans toutes les directions, *en s'élevant au-dessus de la terre* (ib. 19 — 21.). Cette circonstance a été bien sentie par l'auteur de la Paraphrase Chaldéenne et par Maimonides. En effet le premier substitue à la terre une roue renversée ou disque aplati, et aux quatre cercles qui constituaient la sphère, toute l'étendue du ciel: וְהָא גַלְגַּל חַד מְשַׁחֲנִי כְּמִלְרַע לְרוּם שְׁמַיָּא. *Et ecce rota una posita erat quasi sub altitudine coeli.* Il prend la terre, dit Maimonides [62], *comme le pavé des cieux* ארץ שמה השמים; car Ezéchiel, continue le même auteur, nous dit avoir *vu un corps (une sphère) qui était en même temps attaché aux animaux et au symbole de la terre* [63]. ראה גוף אחד תחת החיות מתלבד בהם וגוף ההוא מחובר בארץ.

Nous savons que du temps de Platon et d'Aristote on agitait toujours la question πότερον ἡ γῆ πλατεῖα ἐστὶν ἤ στρογγύλη, *utrum camplanata terra sit vel globosa.*

---

62) More Nevok. P. III. 4.

63) Ib. 2. et P. II. 30. Je traduis symbole de la terre, car le Char d'Ezéchiel n'était pas attaché à la terre proprement dite.

Les habitans de la terre ferme non seulement croyaient
que le ciel y reposait comme sur son fondement:

Circumfer faciles oculos, vultumque per orbem,
Quidquid erit coelique imum, terraeque supremum,
Quo erit ipse sibi nullo discrimine mundus etc. [64]

Mais ils s'imaginaient que l'un et l'autre étaient composés de la même matière, et qu'une secousse qui ébranlait la terre se communiquait au ciel et vice-versa [65]. Ceux qui habitaient sur les bords de la mer fesaient reposer au contraire les cieux sur la surface des eaux de l'abîme [66]. Mais les uns et les autres s'accordaient à suspendre la machine du monde, tantôt *dans le néant* tantôt entre *les bras du siècle* tantôt sur des *colonnes infinies* ou à la faire tomber toujours par une chûte éternelle [67]. Je conclurai ce point de doctrine, en comparant ensemble les idées qu'ont énoncées à ce sujet les Indiens et les Talmudistes. Il est connu que les premiers nous assurent que la terre est placée sur un éléphant, l'éléphant sur une tortue et la tortue sur rien, ou sur le néant, et les seconds nous disent [68] que la terre repose sur des colonnes, ces colonnes sur l'eau, l'eau sur les montagnes, les montagnes sur le vents,

---

64) Manil. L. I. 647. etc.

65) Talm. Hagig. 12. a. Hesiod. Theog. Eurip. in fragment. — Lucr. L. V. Homère Iliad. passim.

66) Prov. VIII, 27. Ecclesiast. XXIV, 8. Eurip. Orest. 1376 — 78. Plin. L. II, 66. Strabo Geogr. L. II.

67) Job IX, 6. XXV, 7. XXXVIII, 6. Deut. XXXIII, 27. Senec. Quaest. natur. L. VI, 20. VII, 14. Plutar. de facie in orbe lunae etc.

68) Hagiga 12. b.

le vent sur la tempête, et la tempête entre les bras de
Dieu. Or les colonnes de la terre sont douze, selon
quelques uns de ces savans, et sept selon d'autres; mais
Rabbi Eliézer dit que la terre repose sur une seule co-
lonne nommée *le juste*.

On dirait qu'au temps d'Ezéchiel une partie des
Astronomes n'accordaient pas à la terre le mouvement
de rotation autour de son axe. Je le conjecture de ce
que ce Prophète, ne voulant rien changer aux idées
que Dieu avait dictées à ses ministres et envoyés, sur
les phénomènes de la nature, en parlant le langage qui
pouvait être compris par un peuple grossier, paraît
avoir observé avec humeur, que les Chaldéens accordaient aux sphères célestes, la rotation qu'ils refusaient
à la terre. En effet, il avertit les Juifs de ne point par-
tager cette opinion qui était contraire à ce qui se trouvait consacré dans leurs monumens religieux. Il leur
inculque plusieurs fois (I, 9. 12. 17. X, 11.) que les
animaux et la roue qu'ils conduisaient, allaient et ne
tournaient pas יֵלְכוּ לֹא יִסַּבּוּ בְּלֶכְתָּן [69]). Nous avons
déjà fait remarquer que les Talmudistes mettent entre
l'astronomie des Prophètes et celle des Savans des autres peuples, la différence, que les premiers *font les
Galgals* immobiles, et que les seconds soutiennent qu'ils
sont mobiles. Si quelque Rabbin a accordé à l'hémisphère supérieur un mouvement, il nous a enseigné
qu'il se meut sur la terre comme *la meule de dessus
d'un moulin sur celle de dessous; ou comme une porte*

---

[69]) Maimonides donne presque constamment au verbe סבב le sens
astronomique de *rotation*. *More Nevok.* I, 69. 73. 74. II, 10.

sur ses gonds [70]). Lors même que les Talmudistes ont admis un hémisphère inférieur, ils ont fait mouvoir le ciel si près de la terre, qu'ils nous disent que l'un baisait l'autre [71]); tant ils ont eu du scrupule de se détacher des notions scientifiques qu'ils avaient puisées dans les livres sacrés, sans vouloir réfléchir que dans ces livres *sermo est Dei sed lingua hominum,* c'est-à-dire, telle que les hommes peuvent la comprendre.

La vision d'Ezéchiel que nous venons d'expliquer présente donc à côté de quelques notions astronomiques assez justes, plusieurs notions et traditions vulgaires qu'on tâcherait en vain de ramener à une seule et même origine. Elle fait un ensemble bizarre de l'astronomie de la raison avec celle des yeux, ensemble qui frappe le lecteur et l'oblige à s'en demander la cause. Le but du Prophète n'a pas été d'expliquer des Théories planétaires, mais de ramener au culte du véritable Dieu les idolâtres de son temps. Il mêle donc l'astronomie des Chaldéens à celle de la Bible, et critique la première en la copiant; car il a l'air de ne l'approuver qu'en partie.

Voici à mon avis, ce qu'il a dû emprunter aux Astronomes de Chaldée:

1°. Une sphère ou astrolabe sphérique à quatre grands cercles pour en constituer le Char du Tout-puissant et pour nous apprendre que Dieu n'était pas l'âme du monde, comme le disaient les Sabiens, mais qu'il en était le créateur et le conducteur, et

---

70) Pesahim 94. b.

71) *Bava bathra* 74. a.

qu'à cet effet, il se tenait assis sur la machine de l'univers.

2°. Les étoiles figurées par les yeux, à fin de prêcher le dogme de la providence aux Juifs, ainsi qu'aux Chaldéens qui le révoquaient en doute en penchant visiblement vers le fatalisme.

3°. L'opinion que le soleil occupait le centre du systême planétaire, pour démontrer par cette position même qu'il n'était pas le *Grand Dieu* de la création, ainsi que l'appelaient les mêmes Sabiens, mais un simple instrument de la végétation placé entre les mains du grand Architecte du monde.

Ezéchiel retint de l'astronomie de la Bible, selon moi:

1°. L'opinion des trois cieux, savoir celui de l'athmosphère [72] celui des étoiles fixes et l'empyrée, opinion que les Juifs ont toujours partagée jusqu'à S. Paul qui nous révèle avoir été transporté jusqu'au *troisième ciel où il a vu la gloire de Dieu.*

2°. Celle de la terre envisagée comme le fondement de l'édifice de la création et fondée pour ainsi dire, ensemble avec la voûte céleste.

3°. Celle enfin de l'immobilité des cieux qui était une conséquence nécessaire des deux opinions précédentes.

Au lieu donc de s'accommoder aux vues des Chaldéens, il les a modifiées à sa façon, en les adaptant à son but et aux maximes religieuses de son peuple. En d'autres termes, il a copié un monument scientifique de la même

---

72) Gen. I, 8. Platon, Pline et Cicéron nous enseignent que les anciens regardaient l'athmosphère comme le ciel.

manière que son char a été copié ensuite par l'auteur de l'apocalypse par Maimonides et par le Dante dont chacun y a trouvé les opinions de son siècle et ses propres idées. — On rencontre si souvent des exemples de ce genre dans l'histoire de l'astronomie ancienne, que l'on peut passer en règle générale que, comme les véritables découvertes qui ont enrichi le patrimoine de cette science, au lieu de nous avoir été communiquées directement par leurs auteurs, nous ont été transmises presque toujours par leurs écoliers, interprètes ou historiens, il est souvent arrivé que les derniers les ont gâtées en les copiant.

1°. Parce que leur esprit n'était pas à même d'en embrasser toute l'étendue.

2°. Parce qu'ils ont pris au propre ce qui n'était qu'une pure allégorie et vice-versa.

3°. Et qu'enfin ils y ont vu des atteintes contre les principes de leur religion.

Cela fait que ces découvertes ne sont parvenues jusqu'à nous que comme autant de sphères échancrées dont il faut savoir rétablir la circonférence.

Elles nous ont été conservées par des écrivains qui ont vécu quelques siècles après leur publication et qui se sont souvent acquittés de leur tâche en les tournant en ridicule, de manière qu'il faut quelquefois supposer plus de savoir dans ce qu'ils cherchent à décrier, que dans tout ce qu'ils traitent sérieusement et d'un ton magistral [73]).

---

[73]) Voy. Lucien de *vera historia*, Lucr. de *rerum natura*, Hérodote, Diodore, Plutarque, Pline etc.

D'autre part nous voyons dans chaque siècle, dans chaque pays, aussi bien que dans chaque école, s'engager une lutte perpétuelle entre *l'astronomie des yeux* et celle de la raison; de sorte que tout s'y heurte et se confond, et que les opinions les plus ridicules s'y placent à côté des vues véritablement scientifiques. Il est même ordinaire de voir que les premières étouffent, je dirai presque, les secondes. L'Atlantide submergée de Platon et le peuple perdu qui aurait tout trouvé, tout perfectionné dont nous parle Bailly dans son astronomie, sont dans un certain sens les doctrines précieuses qu'on a laissé périr par ignorance, ou détruire par jalousie, et le petit nombre des véritables savans dont le nom est aujourd'hui ignoré parce qu'on s'est plu à les persécuter par tout, pour les punir de ce qu'on ne pouvait pas les comprendre et qu'ils avaient osé se déclarer contre des préjugés communément révérés. L'histoire de Trisankou changé d'abord en *Parias* puis vomissant des torrens de sang, et laissé suspendu en l'air la tête vers la terre, parce qu'il avait conçu le projet de monter vivant jusqu'au séjour céleste, (histoire que Mr. Benjamin Constant a tirée d'un poème indien) fait allusion comme il le dit à des découvertes astronomiques, mais elle démontre, selon nous, les mauvais traitemens qu'ont dû endurer les astronomes du premier ordre chez tous les peuples de l'antiquité.

Dans cet état des choses, le moyen le plus sûr de rendre aux notions astronomiques que les anciens nous ont léguées, la physionomie qui leur a appartenue dans l'origine, c'est de les réunir ensemble et de les éclaircir les unes par les autres, autant de fois qu'elles dérivent de la même source. Or comme les astronomes grecs ont copié les orientaux, et ont été copiés à leur tour, par les Latins, je crois que tout ce que ces trois peuples nous ont transmis relativement au véritable systême planétaire, doit être comparé ensemble et rectifié d'après cette méthode. Ainsi p. ex. lorsqu'on examine ce qu' Aristote[74]) et Plutarque[75]) rapportent sur l'opinion des Pythagoriciens qui plaçaient le feu au centre de l'univers, nous sommes au premier abord dans l'incertitude, si par ce feu, ils ont entendu le *soleil* ou le *feu central* qui est bien autre chose[76]). En effet le premier nous dit que ces Philosophes ne supposaient le *feu* au centre du monde, que parce que sa nature est plus noble que celle de la terre, et que le centre de l'univers est la partie qui méritait des soins plus particuliers de la part de son créateur, ce qui ne présente aucune idée astronomique. Le second ajoute que Philolaüs le Pythagoricien croyait que *la terre tournait autour du feu, de même que le soleil et la lune*, opinion qui à la vérité, met une distinction entre le feu central et le soleil, et renverse par là toute la Théorie du système du monde. Mais comme nous savons par la sphère d'Ezéchiel, que les Chaldéens substituaient le *feu au soleil*, et le plaçaient au centre du système planétaire, nous devons attribuer toutes ces anomalies, non aux Pythagoriciens, mais à Aristote et à Plutarque lui-même, qui ne partageaient pas leurs opinions ou qui ont copié ceux qui professaient un système opposé au leur.

D'une autre part le même Plutarque, dans le projet de rapprocher les idées de Numa avec celles des

---

74) De coelo L. II, 13.
75) De plac. Philos. L. III.
76) Voy. Montucla Hist. des Math.

Pythagoriciens, nous parle du Temple de Vesta édifié par ce roi, où le feu sacré était au centre parce que ce temple était, dit-il, un symbole du monde. Mais Denys d'Halicarnasse [77]), qui cite ce même fait, soutient que le feu de Vesta était au contraire le symbole de la terre, qui se trouve placée au centre du monde pour allumer et nourrir de ses vapeurs les étoiles qui l'entourent. Or la dispute engagée à ce sujet entre ces deux historiens est terminée, ce me semble, par le Temple que Baal avait à Babylone, comme nous venons de le voir, et qui, étant à son tour, l'image du monde, avait dans son centre non le feu sacré, mais le globe du soleil même.

Macrobe [78]) attribue aux Egyptiens la découverte que le soleil était le centre des orbites de Mercure et de Vénus, mais comme il ajoute que les mêmes Egyptiens enseignaient que la sphère du soleil était la seconde et qu'elle devait être placée immédiatement au-dessus de celle de la lune; tandis que les Chaldéens soutenaient qu'elle était la quatrième [79]) et qu'elle occupait le milieu du système planétaire, il paraît plus vraisemblable que les derniers soient les véritables auteurs de cette découverte. Si l'on considère en outre que, selon le même auteur, les Grecs ont été de tout temps en possession du symbole d'un Apollon avec une lyre à sept cordes qui représentait les orbites des sept

---

77) L. II.

78) In Somn. Scip. L. I, 19. Voy. Vitruve, Dante et d'autres.

79) Le soleil n'avait pas une sphère chez les Chaldéens, qui le fesaient centre du système. C'est donc abusivement que Macrobe se sert de ce mot en parlant de l'astronomie chaldéenne.

planètes, et si l'on rapproche ce symbole du sacrifice des sept chauves-souris fait au soleil par les Sabiens, et de la danse [80]) funèbre qu'ont dû exécuter les sept planètes autour du soleil dans le temple de Babylone, la nuit de la mort de Tammuz, on n'aura pas de peine à reconnaître que la découverte dont nous parle Macrobe, n'est qu'un fragment du véritable système du monde mutilé par quelque écrivain partial ou peu au fait de ce qu'il rapportait.

Enfin Aristote [81]), Cicéron [82]) et Plutarque [83]) nous apprennent comment les Pythagoriciens ont expliqué par les mouvemens de la terre les phénomènes des mouvemens des corps célestes; mais ils mettent dans leurs paroles si peu de précision, que, tantôt ils confondent le mouvement de révolution avec celui de rotation et vice-versa; tantôt ils laissent la terre dans le centre du monde, ne lui accordent que le mouvement de rotation, et attachent le soleil et les planètes à la sphère des étoiles fixes, en les déclarant immobiles. Le seul Plutarque réussit après beaucoup d'essais, à démêler les deux mouvemens de la terre, le diurne et l'annuel, lorsqu'il nous rapporte que Cléantes la fesait tourner autour de

---

80) Platon aussi nous parle des mouvemens des planètes comme d'une danse exécutée dans le ciel, et Théophraste (Plutar. quaest. Platon. 7.) nous assure que Platon adopta dans sa vieillesse le système des Pythagoriciens.

81) De coel. L. II, 13.

82) Quaest. acad. IV, 39.

83) De plac. philos. L. III.

84) De facie in orb. lunae; Archimède in arenario attribue l'hypothèse de ces deux mouvemens à Aristarque de Samos, et Plutarque lui-même la lui rend autre part. (De plac. Philos. L. II, 24.)

son axe et dans une orbite inclinée. Cependant comme les deux mouvemens de rotation et de révolution sont comme une conséquence nécessaire du déplacement de la terre du centre du système, il suit de là que, non seulement Cléantes, mais chaque Pythagoricien qui à l'exemple des sages de la Chaldée, a placé le soleil au centre, a dû aussi accorder ce double mouvement à la terre, et que si l'histoire nous atteste le contraire, la faute en est à ceux qui l'ont rédigée. Et puisque, dit Montucla dans le système des Pythagoriciens, on fesait tourner la terre autour du soleil, il fallait nécessairement qu'on y mît les autres planètes en mouvement autour de lui.

En second lieu, si Plutarque et Achille Tatius ne nous avaient pas dit expressément que les mêmes philosophes imitateurs des Chaldéens enseignaient que le soleil et ses planètes avaient un mouvement autour de leurs axes, on pourrait le déduire de ce qu'ils les croyaient habités de la même manière que la terre.

Nous savons enfin que les comètes étaient, selon les Pythagoriciens et les Chaldéens, autant d'astres errans autour du soleil, et visibles seulement pendant une seule partie de leurs orbites [85]).

Or j'opine que si l'histoire des deux écoles chaldéenne et pythagoricienne, ne nous avait conservé que leur doctrine analogue sur le soleil et les comètes, on ne pourrait pas hésiter un seul instant à admettre que la seconde a copié et imité la première, et que les philosophes élevés dans leur enceinte ont eu une idée ex-

---

[85]) Arist. meteor. Weidler III. 14. etc.

acte du véritable système du monde; attendu que, du centre de ce système, on ne peut pas s'élever jusqu'aux comètes de la manière qu'ils l'ont pratiqué, sans passer par toutes les autres vérités et maximes intermédiaires qui en constituent tout l'ensemble. Ajoutons que les Pythagoriciens ont, selon le même Plutarque [86]), regardé les étoiles fixes comme autant de soleils répandus dans l'immensité de l'espace, et autour desquels des planètes semblables à celles de notre soleil fesaient leurs révolutions.

Il suit de cet exposé fidèle des renseignemens qui nous ont été conservés par l'histoire, que puisque Pythagore, écolier des orientaux, apporta en Grèce le véritable système planétaire [87]) il n'a pu l'apprendre qu'en Chaldée; car il est certain qu'il étendit ses voyages philosophiques jusqu'à ce pays, qui était bien renommé de son temps [88]). Il me paraît donc que Mr. Delambre aurait dû commencer son Histoire de *l'astronomie ancienne,* par celle des orientaux, et que même dans le projet de n'envisager comme de véritables astronomes que les Grecs, il aurait dû mettre à leur tête Pythagore et non Hipparque, en réfléchissant que, si la doctrine du premier n'est pas aussi précise que celle du

---

86) De plac. philos. II, 15.

87) Ce prince des Philosophes grecs a souvent caché ce système sous le voile de l'allégorie, autant pour se conformer au goût de son siècle que pour se soustraire aux anathèmes d'une religion mal entendue et toujours inexorable contre les innovations.

88) Eusèbe a fait de Pythagore un disciple d'Ezéchiel. On rapporte plus communément le premier à l'an 592, et le second a l'an 585 avant J. Ch. —

second, la raison en est que, loin d'avoir été bien accueillie en Grèce, elle y a été persécutée ou tout au moins altérée. L'astrolabe armillaire et peut-être les autres instrumens aussi dont on fait mention aux temps d'Hipparque (168 ans avant J. Ch.) et dont on lui attribue l'invention, doivent être, selon toutes les probabilités, restitués aux Chaldéens. On sait que Pythagore excella dans les mathématiques, que les Grecs ignoraient complètement avant lui. Il les apprit donc en Orient, et de cette manière il serait prouvé que les orientaux ont été en possession d'instrumens et de calculs mathématiques quatre siècles au moins avant les Grecs. La différence qu'il y a entre Pythagore et Hipparque n'est nullement à l'avantage de la science; car le véritable système du monde a été plus connu depuis Pythagore jusqu'à Hipparque, que depuis Hipparque jusqu'à Copernic, puisque Hipparque n'a fait que prêter une méthode scientifique à une erreur communément reçue et qui venait de l'astronomie des yeux.

Je finirai par demander de quel avantage ont pu être pour le restaurateur de l'astronomie, les notions que les orientaux et les Grecs ont eues tant de siècles avant lui sur le système qui porte aujourd'hui son nom [89]). S'il est vrai comme j'ose m'en flatter, que je suis le premier à avoir découvert celles d'entre ces notions qui étant les moins équivoques servent à répandre un nouveau jour sur ce point de doctrine, elles n'ont pas été

---

[89]) Cette même question a été proposée par la société littéraire de Varsovie et résolue par M. Jean Sniadecki, membre de la même Société, de manière à mériter les suffrages de ses compatriotes aussi bien que ceux des étrangers.

à la connaissance de Copernic, et par conséquent, il n'en a pas profité. Quant aux autres qui se trouvaient déjà consignées dans les annales de la science, elles étaient si vagues, si défigurées par les historiens, les critiques et les astronomes eux-mêmes, qu'elles n'ont pas empêché jusqu'aux temps de Copernic que l'on n'ait disputé pour et contre l'opinion : *si les anciens ont été en possession du système solaire.*

De même donc qu'elles ne pouvaient rien ajouter à un talent médiocre, et qu'elles n'avaient produit jusqu'alors aucun changement dans le système communément adopté, de même le grand Copernic a pu bien s'en passer pour ne suivre que l'essor de son génie. Si quelque chose a pu le déterminer à se jeter dans un chemin diamétralement opposé à celui que tout le monde suivait depuis un temps immémorial, ce sont, à mon avis, les efforts infructueux que plusieurs astronomes célèbres avaient faits pour mettre un ordre quelconque dans le système de Ptolomée. Les travaux immenses que venaient d'entreprendre à cet effet George Purbach et Jean Müller Regiomontanus, devaient l'avertir qu'il ne restait plus rien à tenter de ce côté pour faire avancer la science. Il est vrai que Copernic nous avoue qu'il a consulté les anciens, mais il l'a fait, ce me semble, après avoir enfanté son hypothèse adulte déjà, et armée comme Minerve.

Il a dû fouiller dans l'antiquité, pour y chercher des allégations qui devaient servir comme de sauf conduit à sa découverte contre les préventions de son siècle, et pour appaiser les alarmes des pieux indiscrets. Si ces passages avaient eu quelque influence sur son esprit, il est à présumer qu'au lieu de créer une nouvelle astronomie, il aurait réformé celle qui existait déjà, en substituant au système de Ptolomée, celui que Tycho Brahé imagina après lui. Bref, je pense que Copernic a franchi d'un seul pas, les limites étroites de *l'astronomie des yeux*, et qu'il a agrandi et mesuré celles de l' *astronomie de la raison* uniquement parce que son esprit a été supérieur aux préjugés de son temps, comme à ceux des siècles qui l'avaient précédé. —

IMPRIMERIE DE W. HAACK A LEIPZIG.

ERRATA.

Pag. 8 ligne 12 au lieu de apparoître aux morts lisez aux mortels.

— — not. 10 ligne 1 — Champillion l. Champollion.

— 12 — 4 — אָחַר lisez אֶחָר.

— — — dern. — σφόνδυλους l. σφονδύλους.

— 13 — 5 — dans ces Phénomènes l. dans ses Ph.

— — — 9 lisez: Αὐτοὶ δ'ἀπλανέες καὶ ἀρηρότες ἀλλήλοισι

— — — 10 au lieu de Almagaste l. Almageste.

— — — 13 — autour l au tour.

— — — 16 — λάσοντες l. λαβόντες.

— — — 17 — ἀκριβοῦς l. ἀκριβῶς.

— — — ib. — ἐπιφανείλαις l. ἐπιφανείαις.

— — — 19 — αλλήλοις l. ἀλλήλοις.

— — — 19. 20 — ὀρτὰς l. ὀρθάς.

— — — 20 — ἐπιφανείων l. ἐπιφανειῶν.

— — — antipen. — אופנים l. אפנים

— 14 not. 12 ligne 3 — הפהים l. הפהרים.

— 17 — 16 — 3 — Aabruc l. Aruch.

— 21 — 18 — totumque l totamque

— 24 not. 29. — Horopol. l. Horapol.

— — ligne 15 — ποδὰς l. πόδας.

— 25 — 25 — χρύσεας l. χρυσέας.

— — — dern. — νύκτος ὀφθαλμος l. νυκτὸς ὀφθαλμός.

— 26 not. 38 ligne 6 — celurla l. celarla.

— 27 not. 40 ligne dern. au lieu de Bea l. Dea.

— — ligne dern. — שֶׁמֶשׁל l. שֶׁמֶשׁל

— 29 not. 52 ligne 1 — Rab. l. Reb.

— 30 not. 54 — 1 — anologie l. analogie.

— 32 not. 59 au lieu de Ἑπὰ ἐπὶ Θησ. l. Ἑπτὰ ἐπὶ Θηβ.

— 34 ligne dern. — camplanata l. complanata.

— 35 — 5 — Quo l. Qua.

— 38 — 20 — fondée l. sondée.

— 45 not. 87 lign. 3 — soustaire l. soustraire.

* 9 7 8 2 0 1 3 6 7 7 5 6 1 *